红木及红木家具

赵大吉 著

中国美术学院出版社

赵大吉，高级木材检验员、高级技师、上海木材行业协会特聘红木专家。原为上海森联木业发展有限公司员工，在木材行业从业40余年，对红木木种的鉴别有一定造诣，深谙红木家具生产。

红木文化　历史悠久

红木家具　修身养性

榫卯结构　巧夺天工

千年传承　源远流长

——赵大吉

红木文化，源远流长，在新时代的美好生活中，高端的红木家具渐渐飞入寻常百姓家，源于生活却又高于生活地散发着艺术清辉，而伸手指点这清辉的，却要是有心志、有情怀的人，赵大吉先生恰恰就是如此。

生于1957年的赵大吉先生，在木材行业摸爬滚打了40多年，对企业有感情，对工作有激情。他不仅对各类木材如数家珍，对红木更是情有独钟，对红木的鉴别鉴赏深入浅出，对红木家具的生产工艺了如指掌，把兴趣爱好当成了一生追求。

赵先生始终有一个心愿，就是能出版一本关于红木的实用书，为红木爱好者和消费者正确挑选家具提供指导服务。从上海森联木业发展有限公司（上海木材总公司）退休后，忙忙碌碌的他终于等来了时机，开始着手回顾职业生涯，聚焦红木家具。

在《红木及红木家具》一书里，赵先生融文化知识、制作过程、识别方法、工艺精华于一炉，表现出一位资深红木专家的现代眼光与艺术情怀。从古典纹饰到榫卯结构，从实用知识到收藏品鉴，如红木一般古朴典雅、回归心灵。

感谢赵先生的真情付出，愿此书为红木文化的传承和创新贡献新力量。

上海木材行业协会会长 谭府阳

目 录

第一章

红木简介

HONGMU
JIANJIE

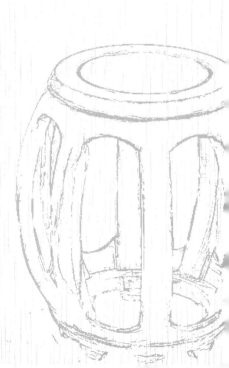

第一节　什么叫红木

　　根据《红木》国家标准（GB/T18107-2017）（下称国标），红木是约定俗成的名称，是用于制造红木家具和红木制品的五大属、八大类特定树种商品材的集合名词。经分类比较，国标列出了29个树种，归为：紫檀木、花梨木、香枝木、黑酸枝木、红酸枝木、乌木、条型乌木和鸡翅木8类，分别属于紫檀属、黄檀属、柿属、崖豆属及铁刀木属。除柿属隶属于柿树科外，其余上述各属均隶属于豆科。市场上各类红木木材的命名也以此为标准。

　　2000年8月1日，我国颁布的第一部红木国家标准（GB/T18107-2000）列出了33个红木树种。随着经济社会的发展，2018年7月1日国家对原红木标准进行了修订，发布了新的版本，将原有五属八类的33个树种调整为29个树种（图1）。

　　2000年8月1日之前，民间对红木的理解和认定只限于地方标准范畴内，如当时的上海地方标准，只规定了6个树种，即：1.紫檀；2.樱木；3.乌木；4.酸枝；5.鸡翅；6.花梨。标准对红木树种的产地也作了明确规定，仅限于东南亚地区。2000年8月1日之前，地方红木标准对规范红木原材料和红木制品市场起到了很大的作用。

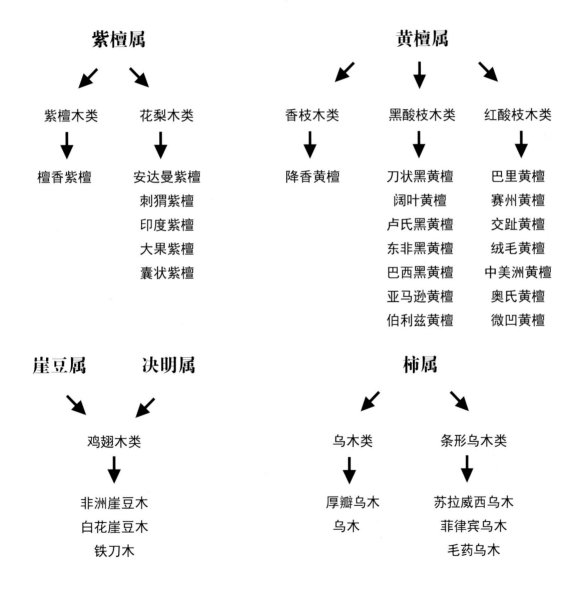

图1 五大属、八大类共29个红木树种　　003

第二节　红木的分类

标准中将红木树种分为：五大属、八大类共 29 个树种

五大属：

紫檀属、黄檀属、崖豆属、决明属、柿属。

八大类：

紫檀属：紫檀木类、花梨木类；

黄檀属：香枝木类、黑酸枝木类、红酸枝木类；

崖豆属：鸡翅木类；

决明属：鸡翅木类；

柿　属：乌木类、条形乌木类。

注：崖豆属、决明属下面延伸只有一个鸡翅木类，合并为一类。

二十九个树种：

1. 紫檀木类（一个树种）

檀香紫檀，产地为印度，有芬香气，俗称小叶紫檀。

2. 花梨木类（五个树种）

安达曼紫檀，产地为印度、安达曼群岛，有香气，微弱，俗称花梨木。

刺猬紫檀，产地为几内亚比绍、冈比亚、马里、尼日利亚，有香气，微弱，俗称花梨木。

印度紫檀，产地为中国台湾、印度、印度尼西亚、马来西亚、菲律宾、巴布亚新几内亚，有香气，俗称花梨木、香红木。

大果紫檀，产地为缅甸，有香气，浓郁，俗称花梨木。

囊状紫檀，产地为印度、斯里兰卡，略有香气，俗称花梨木。

3．香枝木类（一个树种）

降香黄檀，产地为中国海南，有微辛味及浓郁的香味，俗称海南黄花梨。

4．黑酸枝木类（七个树种）

刀状黑黄檀，产地为老挝、缅甸、越南、柬埔寨、泰国等，有微酸香气，俗称缅甸黑木、黑玫瑰木。

阔叶黄檀，产地为中国广东、印度尼西亚、南非等国，有酸香气，俗称紫花梨。

卢氏黑黄檀，产地为马达加斯加，有酸香味微弱，俗称大叶檀、玫瑰木。

东非黑黄檀，产地为东非东部，无酸香和辛辣味，俗称非洲黑檀、莫桑比克黑檀。

巴西黑黄檀，产地为巴西，酸香气浓郁，无俗称。

亚马逊黄檀，产地为巴西、南美亚马孙，酸香气微弱，无俗称。

伯利兹黄檀，产地为中美洲、主产伯利兹，香气微弱，无俗称。

5．红酸枝木类（七个树种）

巴里黄檀，产地为柬埔寨、老挝等，有弱酸香气，俗称红酸枝。

赛洲黄檀，产地为巴西及南美洲，无酸香气，无俗称。

交趾黄檀，产地为中南半岛，即越南、老挝、泰国、柬埔寨、缅甸等，有酸香气，略带奶香味，俗称大红酸枝。

中美洲黄檀，产地为中美洲墨西哥，有辛辣味，无俗称。

奥氏黄檀，产地为老挝、越南、缅甸、泰国等，有酸香气微弱，俗称白酸枝。

微奥黄檀，产地为墨西哥等中美洲地区，有辛辣味，俗称小叶红酸枝、可可波罗。

绒毛黄檀，产地为巴西，墨西哥，中国山东、江苏、安徽、浙江、江西等，无特殊气味和滋味，俗称郁金香木。

6. 鸡翅木类（三个树种）

非洲崖豆木，产地为刚果金、喀麦隆等，无明显气味，俗称西非鸡翅、非洲黑鸡翅。

白花崖豆木，产地为缅甸及泰国，无明显气味，俗称缅甸鸡翅木、黑鸡翅。

铁刀木，产地为南非及东南亚地区，中国云南、福建、广东、广西，无明显气味，俗称孟买蔷薇木、黑心树。

7. 乌木类（两个树种）

乌木，产地为斯里兰卡、印度南部、缅甸及中国云南等，无味，无俗称。

厚瓣乌木，产地为热带西非，无味，俗称黑檀。

8. 条形乌木类（三个树种）

毛药乌木，产地为菲律宾，无香气味，无俗称。

苏拉威西乌木，产地为印度尼西亚，有微弱辛辣气味，俗称印尼黑檀、条形乌木。

菲律宾乌木，产地为菲律宾，无特殊气味，俗称菲律宾黑檀。

第三节　六种容易与红木混淆的木材

目前木材市场中，有 60 多个树种的木材容易与《红木》标准中的 29 个树种的红木互相混淆。笔者根据自己从业的经验，将市场上几种容易被人混淆、误认的木材之间的区别描述如下，以供读者参考。

1. 乌木（图 2）与条形乌木（图 3）的区别。乌木与条形乌木两者区分比较困难，直观

图 2 乌木

图 3 条形乌木

上有相似之处。但细看条形乌木木材中有淡淡的略带黄色和白色的直线木纹，但也有例外，在去除表皮的时候，年久的条形乌木也会出现无条纹征况。真正的乌木是没有任何条纹的。

2. 乌木与阴沉木（第76页图47）的区别。阴沉木是指沉入水底或埋入土中几千年甚至几万年后重新挖掘出来的一种木材。常见的阴沉木，其材色有黑、绿、黄的混合色。有些阴沉木还含带有一些香气。譬如：金丝楠木的阴沉木、红椿树的阴沉木、香樟树的阴沉木、香柏树的阴沉木等都会散发出特有的香气，此类木材的价格都非常昂贵。要分清乌木与各种阴沉木的关系，最好的方法是用实物样本进行对比，这样就很容易将二者分辨清楚。

3. 檀香紫檀与印度紫檀的区别。檀香紫檀（第63页图35）是紫檀木类木材，产地印度。印度紫檀（图4）是花梨木类木材，民间也叫作紫檀，产地是泰国、马来西亚、越南。印度紫檀不能称为"小叶紫檀"，只能称为赤檀、紫檀、酸枝树。市场上檀香紫檀与印度紫檀两者的价格差异巨大，因为檀香紫檀与印度紫檀两者是不同树种的木材。

4. 降香黄檀（第38页图26-1、图26-2）与越南黄花梨的区别。降香黄檀俗称海南黄花梨，海南黄花梨受到国家相关部门的保护，原始的树木已稀缺，可以做家具的大料已基本不存在。现在市场上常见的基本是越南黄花梨。两者外观很相似，但价格差异非常大。越南黄

图4　印度紫檀

图 5　越南黄花梨

图 6　亚花梨

花梨（图 5）中没有被列入红木标准。

5.大果紫檀（俗称缅甸花梨，第 64 页图 36-1、图 36-2）与非洲花梨的区别。民间会将两者统称为花梨木。按照国家红木标准的规定，产于非洲、属于红木范畴的树种只有非洲几内亚比绍出产的刺猬紫檀，其他的则属于亚花梨类（图 6），不属于红木。

6.非洲酸枝木（第 74 页图 45-1、图 45-2）与红木标准中的红酸枝木（第 66 页图 38-1、图 38-2）的区别。民间往往会将两者联系在一个范畴内，统称酸枝木。非洲酸枝木其芯材、边材区别明显，材色呈红褐色或红褐紫色，具有紫色条纹，略带木香，此木材与红木标准中的巴里黄檀有极相似之处，但非洲酸枝木不在红木之列。

第二章

JIAJU DE
QIYUAN
JI FAZHAN GUOCHENG

家具的起源
及发展过程

第一节　家具的起源

　　原始社会时期，由于受到当时生产工具的约束，人们没有利器可以对硬的木材进行切割加工。因此，常用的家具也都比较简单，制作家具用的材料也都为一些比较容易切割、容易削整的材料，如"竹""藤"之类的材料。因此，被完整保存下来的原始社会时期的家具几乎是没有的，人们只能根据史书的记载来推断当时"榻"的大概形态。

　　现代家具的功能完全能满足人们在生活某个方面的需求。人们困了有床睡，累了有椅或沙发坐，吃饭有餐桌，读书有写字书桌。人类社会经过几千年的发展，通过人类在日常生活中不断优化、提升，才发展出今天这样的家具。家具起源于我国商朝时期。商朝时期，能称得上家具的也就是一种叫"席"或"榻"的，可以说就是从这个"席""榻"开始逐步进化演变成了现代的家具。这中间经过了几千年的漫长过程。人们根据生活需求的变化，用智慧生产出适合人类使用的家具。

第二节　家具的发展过程

各个时期的家具有不同的家居风格。

一、夏、商、周时期的家具

夏、商、周时期的家具是中国早期家具的雏形，比较简单，然而都不是用木材来制作的，主要由竹、藤材料制作而成。这主要是受当时制作工具的限制，基本是以"席""榻"为主要家具，如榻（图 7-1）、俎（图 7-2）。

<table>
<tr><td>图 7-1　榻</td><td>图 7-2　俎</td></tr>
</table>

图 8-1 茶柜

图 8-2 矮几

二、春秋战国时期诞生了低矮的家具

　　春秋战国时期，随着手工制造业的发展出现了铁制的锯、斧、凿等利器。鲁班发明了榫卯结构，开启了后世各种形异家具的先河。铁制工具出现后，人们开始把雕刻工艺广泛应用在家具制作中。如茶柜（图 8-1）、矮几（图 8-2）。

图 9 交椅

三、秦汉时期为"垂足而坐"奠定了基础

秦、汉之前的几案、床榻都是比较矮的，当时人们习惯席地而坐。直到与西域有了频繁交流，胡床（实际是一种马扎的坐具）传入了中国，后被我们改变成可以折叠的"交椅"（图9），为后人垂足而坐奠定了基础。

四、魏晋南北朝高形家具的出现

魏晋南北朝是中国历史上第一次民族大融合时期，各民族之间文化、经济的交流对家具的发展起到了推动促进作用。此时新出现的家具主要有扶手椅、束腰圆凳（图 10-1、图 10-2）、方凳、长杌、橱、箱等家具，尺寸较高。特别是床有明显的变化，高度增高了，人们可以跂床垂足，提高了舒适度。品种也有明显增多。

图 10-1　束腰圆凳

图 10-2　束腰几

图 11　高矮柜

五、隋、唐及五代：高型家具发展的盛典时期，高矮并存

隋、唐、五代时期家具的主要特点是从实用性及舒适性考虑，进一步向高型家具发展，主要表现在座类家具品种、款式的增多和桌子的出现（图 11）。那时家具生产开始向成套化发展，家具也有了初步的归类，按功能被分类使用，这是家具发展的一大进步。

图 12-1　二联柜

六、宋、元时期：高矮家具交叉繁荣

宋、元时期是中国家具承前启后的重要发展时期，结束了几千年来席地而坐的习俗，确立了家具结构以框架为基本形式，并且，当时的家具在使用上给人们提供了极大方便，如二联柜（图12-1）、案（图12-2）。

图12-2 案

图 13 仿明朝万历柜

七、明朝时期：中国家具的鼎盛时期

明代的匠人在宋代传统家具的基础上，发扬光大，推陈出新，生产的家具不仅种类齐全、款式繁多，而且用材考究，造型朴实大方，制作严谨准确，结构合理规范，逐渐形成稳定、鲜明的明代家具风格，把中国古典家具推向了顶峰。这一过程的发展形成主要在明朝的前期和中期。同时，红木家具走上神坛，后人不断获取、拥有、享受、收藏。直至现在明式家具都广泛受到人们的喜爱。（图13）

八、清朝时期：家具风格粗犷，追求雕刻艺术

清朝家具的实用性更突出。当时的匠人根据厅堂、卧室、书房等不同居室对家具的不同要求来进行设计、分类、制作，各种家具功能明确。清代家具的主要特点是造型庄重、雕饰繁重、体量宽大、气度宏伟。在一定程度上脱离了宋、明以来的家居风格（图14）。清朝时期的各式家具至今仍在民间流传、使用、收藏。清代家具有一种特有的风格，这与当时的统治者有一定关系。

图14　仿清朝架子龙床

九、民国时期：家具风格体现中西文化结合，生产工艺改变了传统的明清工艺

民国时期很短暂，但当时的家具型态与明清时期相比有许多的改变。由于西方文化的渗入，民国时期的家具款式及图案搭配有独到之处，摒弃了明朝的简洁、清朝的繁琐雕刻，引入了西方文化的线条结构（图15-1、图15-2），借鉴了西方家具的外观艺术，以型线为主导。

图15-1　高背曲花座椅　　　　　　　　图15-2　多功能衣柜

十、现代匠人在继承发展的基础上创造了时尚的家具风格

现代家具设计师在继承明清家具和民国家具优点的基础上，对家具的造型和结构进行了创造性的设计，家具的造型及家具上图案的搭配都体现了现代文化的元素。现代家具较以前更注重使用的舒适性，并且在使用方面更趋于舒适，所以在很长一段时间内受到了人们的青睐（图16-1、图16-2）。随着时代的发展，人们观念的更新，现代设计师的设计思想又有了发展、创新，在兼收并蓄明式家具的简约风格和现代欧式家具时尚风格的基础上，创造性地设计了一系列新中式

图16-1　福禄寿镂空三人沙发

图16-2 福禄寿镂空单人沙发

图17　新中式卧房五件套

风格的家具，非常符合现代青年的生活节奏和生活需求（图17）。笔者认为或许在以后的家具发展过程中新中式家具会逐步取代传统家具，形成一种新的家具流派，并被不断发扬光大。

　　不同的历史时期，产生了不同风格和不同使用功能的家具。综合起来，笔者认为原则上可将家具分为"五大类"：床榻类、桌案类、椅凳类、柜架类、杂项类。目前，尚存于世的古典家具中，可供喜爱者收藏、传承的家具大多是明代、清代及民国时期的，以清代居多。

第三章

日常生活中的
红木家具

RICHANG
SHENGHUOZHONG DE
HONGMU JIAJU

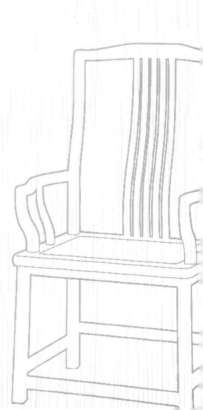

第一节 树木与生态环境

森林中的树木可以释放负氧离子供人们吸收，增加血液循环、促进细胞再生。木材可调节生物的生理量和心理量，使之正常。木材对人体健康有益。木材不仅是一种人们可以利用的天然材料，而且具有其他材料无法比拟的生活环境特征。据调查研究，长期居住在木造住宅中的人，其寿命比居住非木构造的住宅中的居住者长9—11年。木材纹路美丽、色泽柔和、风格自然，人见之会感到舒适和温馨，从而能够提高工作、学习效率，改善人们的生活质量。

有研究资料表明，人经常在森林中活动或在有树木和木制家具的环境中生活可不断延长寿命。人类的寿命与树木的寿命是不能同等相比的，但我们可以用大自然赋予我们的森林资源来改善和提高我们的生命周期，树木是一个有生命的植物体，能生长几百年甚至几千年不枯不死，甚至有些树木在大自然中遭遇雷劈还能枯木逢春，继续生长（图18），这很可能与它生长的地理环境有很大的关系，如气候、土壤、水及生长环境中的矿物质等。

图18遭雷击的树生长在中国的人参之乡——吉林省抚松县松山林场。在许多年前此树遭遇雷击，主干基本被烧毁，目前生长良好，枯枝生出新芽，长出许多叉枝，枝繁叶茂。就是这样一棵树给人们带来了无限的遐想，它被当地山民视为吉祥树保护着。我们对这棵树所处的地理位置进行了分析，结果发现这棵树的生长环境非常之好。此树北面不到30米是松花江源头水源，西面不足100米处

图 18　遭雷电击的树

是一个日产百吨矿泉水的"世稀泉"水源地，水中的矿物质及人体必需的微量元素含量十分丰富，此泉还受到了当地政府的保护。再有，印度的檀香紫檀树木，它的生长成材期一般都要超过五百年，甚至达上千年。树木赖以生存的土壤里有大量的、有助于植物生长的矿物质，吐故纳新可使它不断生长。树木吸收了大量大自然中的精华，足以生存下来，给我们人类提供一个可相互依赖、共同生存的载体。树木被砍了做成家具或者日常生活中的其他生活用品后，我们不能认为树木就已经死了，实际上，树木的物质结构没有变，它会根据天气的干、湿程度来调节水分，会根据冷、热来调整收缩率，释放木材中的矿物质。

第二节　日常生活中的红木家具

　　木材是与人类和环境友好的材料，红木树种在大自然中生长，能够成材并被人类使用做成家具，需要经过几百年，甚至上千年的生长过程。红木树种在漫长的生长过程中，吸收了大量的有机矿物质，吸收了土壤中的优质生长元素及营养，因此红木中存在着大量的对人体非常有益的矿物质元素。可以说居室中多摆放红木家具与人体可以起到有益的相互作用，称为人养木、木养人。红木家具同时会因为房间的干湿程度，发生干缩湿涨变化，以此可对使用者起到一定的警示作用。家中如何选择红木家具，笔者建议如下。

一、睡：要睡紫檀木床

　　"睡要睡紫檀"，这里指的木材并不单一指向檀香紫檀，规范在紫檀属中的红木都是非常好的材料，尤其是产于东南亚地区的。紫檀木因其珍贵而被称为"木中之金"。紫檀木屑经反复揉搓后，会散发出"木氧"这种物质。木氧具有安神醒脑的药用价值，被人们吸纳后能够促进人的细胞再造，预防皱纹的出现，也能对皮肤起到保护作用，久而久之会使皮肤细腻、滋润。所以经常睡在紫檀木的床上，对人体确有一定益处。（图19）

　　此外，紫檀木床因紫檀木含有紫檀素，紫檀素能驱虫，防蚊。夏天人睡在紫檀木床上，就不怕蚊子叮咬。紫檀床做好后，还有最后一道工序，就是打磨。以

图19　大果紫檀高低床

前人们使用锉草作为磨料来打磨家具，经过锉草打磨发热后家具木材毛孔开放。用紫檀木做的床经打磨后，类似紫檀素这种对人体有用的成分很容易渗出和挥发出来，能对人起到调节气血和养颜的作用。根据相关医学记载，用浸泡过紫檀木的水来冲洗人的关节，有消除关节痛的功效。紫檀属中的其他红木也都有以上功能和效果。现在挫草打磨工艺已被弃用。新的打磨工艺效果也基本上与挫草工艺的效果一样。

图 20　交趾黄檀大宝座

二、坐：要坐酸枝木坐具

　　酸枝木的特点是散热性、透气性强。随着空气湿度的变化，酸枝木会沁出淡淡的酸香气（图 20），这种酸香气能够起到提神醒脑作用，在春、夏季作用会特别显著。酸枝木非常牢固，适用于制作桌、椅、宝座、圈椅、沙发等，用酸枝木做的这类家具给人以"稳"的感觉。

三、摆：要摆阴沉木、沉香、印度檀香、海南黄花梨做的摆件

阴沉木和香枝木及紫檀属树种的木材都会散发出酸香气，弥漫在空气中，人每天在这样的环境下生活、工作对身心都是非常有益的。笔者认为，最适合用来放在书房或卧室中的摆件是阴沉木（图21-1、图21-2）、沉香（图22）、印度檀香（图23）、降香黄檀（图24）。阴沉木并不是单指一种树木，而是久埋于地下未腐朽的多种树木的集合名称。阴沉木经逐渐碳化后，具有除味、吸味的效果，能净化空气中的污浊，对空气中的重金属物质和有毒物质也有一定的吸附作用。沉入水底时间越长的阴沉木，其品质也越好。埋在水土里上千年甚至上万年的阴沉木净化空气的效果非常好。摆放在房间中的阴沉木摆件会根据房间空气中的水分变化情况自动释放出能醒脑提神的清香。

笔者认为品质较好的阴沉木为金丝楠木、香椿木、香樟木这三种树种形成的阴沉木。乌木类木材与阴沉木是两种完全不同的木种，消费者在购买时应注意区分。

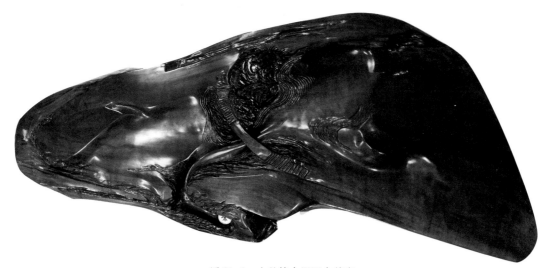

图21-1　金丝楠木阴沉木茶海

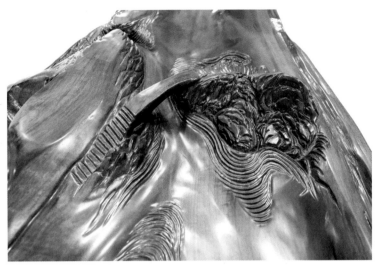

图 21-2　金丝楠木阴沉木茶海

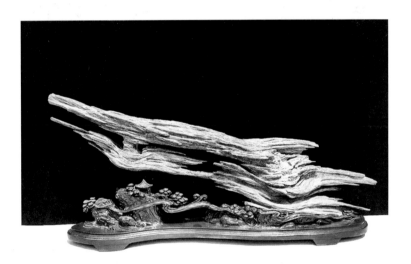

图 22　沉香雕件

图 23　印度老山檀香雕件

图 24　降香黄檀雕件

四、器皿：要用鸡翅木的器皿

喝茶的茶几、茶具及吃饭用的木饭碗（图25），用鸡翅木较好。因为鸡翅木木质柔韧，纹理清楚、美观，不怕水，所以用来做成器皿是最好的选择。鸡翅木在热水的浸泡过程中会散发出一种很自然的香气，这种香气有提神的效果。

图25 鸡翅木碗

五、入药：降香黄檀的药用价值

降香黄檀俗称为海南黄花梨，简称"海黄"。"海黄"可以入药（图26-1、图26-2），如其树干或者根部的芯材部分。该药材气味芬香，味稍苦，烧之香气浓烈并有油脂溢出，加水研磨后的药液可缓解各种疼痛；也可以磨粉外敷，止痛止血，是很好的镇痛剂。"海黄"芯材入药主治风湿、腰痛、吐血、心胃气痛、高血压等病痛；此外也可用来做成香料。目前降香黄檀非常稀缺，导致其价格昂贵，用来入药的很少，但在传统的中药制作中人们还一直在用降香黄檀入药。降香黄檀的木屑也可用来制作香料。

图 26-1　降香黄檀

图 26-2　降香黄檀

一木、一器、一世界。材、型、艺、韵一气呵成，这是红木家具的最高意境。

一套好的红木家具主要体现在三个方面：1.用料。用料非常讲究，同款不同料的家具差价非常大。一套好的红木家具，其用料无白边、无芯材、不拼接、不修补、不描色；家具中主要的面板为独料。2.工艺。好的家具其各部件之间的结合形成都采用榫卯结构，连接严丝合缝，不用铁钉。整体感合理、匀称，榫卯结构表面光洁。3.艺术性强。图纹雕刻合理搭配，不附会牵强，并且体现韵味。

第三节　树木与人体健康

　　人的生命周期虽然短暂，但可以利用大自然给人类创造的条件和载体来改善和延长我们的生命周期，提高生活质量。首先，我们要像树一样有一个非常好的生长环境，有一个可供自己保持的载体，但是我们的环境受外界各种因素影响是会变化的。我们可以用各种方式以来改变我们的生活方法提高健康指数。我们可以利用大自然给人类的特殊物质，想方设法把这个特殊物质转化成我们所需要的东西以延年益寿，木材就是一个非常好的载体，是互相吸取养分的共同体。在我们使用的文字中，就有几千个字用来描述人与木密切相连的结构文字。最常见的一字为我们每天睡的"床"字和累了休息的"休"字，这两个字的结构都是人与木的结合，依靠木制品来让你的精力得到充分调整，让你得到很好的休息，得到身心调整。众多调整身心健康的休闲器具都是与"木"相关。再有，我们的饮料——"茶"也带有木字。茶树在生长过程中，吸收了大自然中的精华，我们人类从茶中取之用之、受益匪浅。因此，我们一定要关注自己的生活环境。人在休息时，坐、睡或躺在木制家具上时，木制家具会根据室内空气的湿度进行自我调整，产生一个理想的健康空间，在人的精神上、思维上、心情上都会起到一个明显的改善效果，人的精神面貌也会焕然一新。另外，人的生命缺不了维生素，而水果中含有大量的人体必须的维生素。而水果都由树木开花结果，供人们享用。在日常生活中常与红木家具相伴，会给你带来意想不到的效果。

第四章

红木家具的
制作与图案的含义

HONGMU
JIAJU DE ZHIZUO YU
TU'AN DE HANYI

第一节　红木家具的制作过程

名贵的木材不一定是红木，然而红木一定是名贵的。千年红木，代代相传。

提起红木家具，人们可能会产生这种感觉：昂贵、古老。其实，从使用角度及使用寿命来测算，红木家具并不昂贵。红木家具坚固耐用，拥有者可以代代相传。红木家具在使用中始终不会产生对人体有害的污染物。生产一套好的红木家具要经过三个基本阶段，几十道工序才能制作完成，生产周期长而且基本都是手工制作。民间有这样的说法："一代拥有，世代享受。"这也是一种红木文化的传承。

目前，我国生产制作红木家具的流派基本形成，主要集中在江苏、浙江、广东、福建四省。这四个地区的产品各有独到之处，被称为红木家具中的"四大名作"，即福建的"仙作"（图 27），广东的"广作"（图 28），浙江的"东作"（图 29），江苏的"苏作"（图 30）。

图27 仙作六件套中堂

图28 广作六件套中堂

图 29　东作六件套中堂

图 30　苏作六件套中堂

图 31 刮磨工具

一、红木家具生产制作过程

在生产红木家具前，对红木原材料的预处理工作十分关键。对红木材料的前期处理，主要指对材料的干燥脱水处理。木材的干燥方法有很多种，有依靠干燥设备干燥的，有使用真空抽水方法干燥的，还有传统的自然干燥法。南、北方的家具生产企业对经过干燥后红木的含水率指标各不相同。用现代设备干燥木材周期快，用传统的自然干燥法周期长。若要生产优质的红木家具，企业应用传统方法干燥红木，这样干燥出来的木材的细胞组织未遭破坏，生产出的家具表面光滑滋润。自然干燥法简单且经济，干燥后木质结构未受破坏，更值得被推荐使用。自然干燥法如下：首先将采伐下来的原木经制材加工成成材，再将成材搁置于大气中经受风吹雨淋，将木材中的酸性或碱性物质排放出来。这个过程一般需要一年的时间，待木材中自然水和吸附水的含量达到一定数值后，放入通风的室内仓库，放置半年时间后即可使用。

二、生产红木家具的三个阶段

第一阶段：确定家具用材树种、家具款式、件数、规格后制作图纸，对非常规尺寸家具的生产，企业先要进行"一比一"放样定型，然后交客户审阅，得到确认后进入第二阶段生产。第二阶段的工作量最多。

第二阶段：根据图纸要求，工人开始选料、开料、配料、干燥、抛光、划线、开榫、雕花、起线条、组装、刮磨（图31）、抛光、养身。

第三阶段：检验、表面处理（图32）、打磨（图33）、抛光（图34）、包装、发运。

不同的人对红木家具的理解不同，接受的红木文化程度也有所不同，所以不同人在定制红木家具时会根据自己的喜好对家具的款式、家具中的图案提出不同的要求。人们在观赏古典红木家具时，首先关注的应是造型是否优美、工艺是否精细，其次再考虑家具上雕刻图纹的各种表现手法。

图 32 表面处理过程

图 33 打磨过程

图 34 抛光过程

第二节　红木家具中各种纹饰

家具上的各种纹饰是按中国传统祥瑞观念沿续下来的，家具上的图案在不同历史时期有不同的风格。家具的图纹最早起源于战国时期，兴起于秦汉，成熟于唐汉，兴盛于明清，尤其在清代达到顶峰。清代以大气华贵、富丽堂皇的形式，将家具装饰题材表现得更加丰富。我们鉴赏古典家具图案的内容，一是了解各个历史时期家具图案的历史背景及当时的社会人文，寓教于乐；二是了解各种时期龙、凤、狮等主要图纹的变化，寓语吉祥、祥瑞辟邪；三是了解各种家畜动物如牛、马、鹿等图纹的象征意义，如福、禄、喜、瑞；四是了解各种瑞鸟图纹的象征意义，如嬉戏、平安；五是了解鱼、虫、花、草图案表达的喜庆纳祥之意；六是了解福、禄、寿、喜的文字意义和祥云祝语。

一、寓教于乐的人物图案

1. 戏曲人物：根据传统戏剧片段的某个场面形成的图案，常被配置在竖柜、橱柜、床、罗汉床的正面，并一定会用亭台楼阁背景图相托，让人们观后有一种四季平安、风调雨顺的心情。

2. 八仙人物：八仙为民间传说中道教的八位仙人，即铁拐李、汉钟离、张果老、吕洞宾、何仙姑、曹国舅、蓝采和、韩湘子。八仙人物常常出现在神龛和屏风的顶帽上，中堂、沙发、桌、椅也常有配置。

3. 寿星：常被雕刻在沙发的靠背上、屏风上或者工艺品上。

4. 天官：天官为三官之尊，执掌福，民间以福星相称，常与寿星并列。常见于家具的竖立面，以床、罗汉床大面为主。为了讨口彩，匠人们用"天赐福""指日高升""加官进爵"等图纹饰对家具进行修饰。

二、祥瑞辟邪的龙、凤、狮图纹

1. 龙：龙为中华民族崇拜的图腾，是象征权力的吉祥物。龙的形象被广泛雕刻在家具中作纹饰。早期家具上的龙图纹，以简洁的赤虎头出现，草纹为身，后来匠人通过想象力不断丰富内容，出现了有鳞有角的牛头、蛇身、马耳、鹿角、鱼鳞、鱼翅、蜃腹、鳗尾、虎掌、鹰爪的集合型动物图案，寓境雅逸，并且形状各异。不同的年代背景，会出现不同状态的龙纹，有盘龙、升龙、降龙、戏耍龙、如意龙、花草龙、二龙戏珠等图案纹饰。在清代皇室殿宇中雕刻的龙图中，龙爪为全五爪，表现皇室至高无上的威严。民间雕刻隐爪龙，隐蔽四爪合一爪。大臣及皇室成员雕三爪或四爪。龙的图案常用于屏风、床、宝座靠背、宝座扶手、竖柜、桌案等。

2. 凤：凤凰为传说中的瑞鸟，是羽禽中最美丽的鸟，百鸟之首。凤纹图案在传统家具上应用十分普遍。凤鸟的形态特征是鸡嘴、鸳鸯头、火鸡冠、仙鹤身、孔雀翎、鹭鸶腿，凤纹是组合型的瑞鸟图纹，多用于家具中衣柜的正面门板、屏风、挂屏等。凤的表现形式多样。

突出的凤鸟图案有升凤、火凤、草凤、团凤、戏耍凤、回头凤、如意凤等，还有"丹凤朝阳""双凤戏珠"，以及群鸟围着凤凰飞翔的"仪凤图"等。

凤和龙一起构成龙凤文化，如"龙凤呈祥""龙凤飞舞"等。

凤和山石在一起形成的"福山吉水""双凤呈祥"。

3. 狮：民间以狮寓意吉祥祝福、官运亨通、飞黄腾达。

常见的图纹有：寿狮、镇宅狮、宝瓶狮、升降绣球狮、喷球狮、母子狮、金凤爪狮。在家具上常常会雕刻"双狮绣球"，有绣球锦、绣球纹等图案。狮子图案多用于家具的镜屏、座椅、宝座的扶手，以及沙发、中堂案腿的雕刻。

三、"福、禄、喜"动物家禽图纹

1. 鹿：福禄之意。畅行无阻，寓意一帆风顺，四通八达，有健康、幸福、吉祥的象征意义。在家具中体现在座椅、挂屏等物上。

2. 猴：作为吉祥物来说，因为猴与"侯"谐音。常见图纹有倒挂树上的猴，含义是"封侯挂印"。还有母猴背小猴，寓意"辈辈封侯"。

3. 牛：常见图纹有"鞭春牛""春牛耕作图"，再有童子骑牛吹笛"牧童牛"。工艺品上用此图纹较多。

4. 龟：龟在民间是长寿象征，被人们视为灵物。此图纹应用较广，常以物象的形态在雕刻件中出现。雕件中的"龙龟"，有辟邪长寿之寓意。

5. 大象：大象纹饰有富贵和诚实的寓意。

象是平安与地位的象征，被视为吉祥喜瑞、万象更新的吉祥物。家具上雕刻的象图纹多见于沙发的顶端以及桌腿、镶板、屏风顶帽等地方。在图纹表现的手法上，小孩骑象图纹表示吉祥，用童子或仕女骑象且手持如意的图纹表示吉祥如意，用象背驮花瓶图纹表示太平景象。

6. 羊：被赋予温顺、好运等文化含义和象征。

常见图纹：三只羊在一起的，为"三阳开泰"；五只羊在一起仰望太阳，有"洋洋得意"之意；还有童子坐羊车。家具上羊图纹雕刻极少，在工艺品雕件上则时有出现。其总的寓意就是"岁岁吉祥"。

四、福寿平安的蝙蝠图纹

蝙蝠：因蝠与"福"音相同，且与"福"的寓意相同，寓意人生幸福如意。常见以吉祥图纹出现的几种纹案：一只蝙蝠形喻为"寿"；二只蝙蝠形喻为"富"；三只蝙蝠形喻为"康宁"；四只蝙蝠形喻为"好德"；五只蝙蝠形喻为"孝"。蝙蝠出现的数量不同，民间叫法也不同，有"福寿双全""五福临门""纳福迎祥""晓盼福音""日月同福"等吉祥语。蝙蝠图纹表现在家具上，一般都是被雕刻在沙发的横头、立柜上，还常被雕刻于各种家具的抽屉拉手上。蝙蝠在家具纹饰中应用比较广泛，不受花纹搭配的约束。

第五章

常见红木的
简单识别方法

CHANGJIAN
HONGMU DE
JIANDAN SHIBIE FANGFA

在日常生活中，人们不会轻易地把二十九个树种的红木都用来做成家具，而会把产自东南亚地区的红木作为生产红木家具及工艺品的常用木材，主要有檀香紫檀、大果紫檀、交趾黄檀、巴里黄檀、奥氏黄檀、降香黄檀、乌木、鸡翅木。

识别红木要做到"一看、二闻、三对比"——看表面纹理和颜色，闻木材气味，对比原料实样。

图 35　檀香紫檀

一、檀香紫檀

檀香紫檀，散孔材。生长轮不明显。芯材新切面是橘红色，久则转为深紫或黑紫，常带浅色和紫黑条纹；划痕明显；木屑水浸出液呈紫红色，有荧光。

根据民间经验，快速识别的方法如下。

颜色：加工过程中剖切面的颜色呈橘红色、红棕色。与空气接触氧化后会变成红色、深红色，久则变成紫黑色，但黑中透红（图 35）。

气味：在切割时，有一种不刺鼻的、带着丝滑感觉的木香味。回味还会感觉甜。永远保存香味。

表面特征：有明显的牛毛纹，树龄长的木料在光线的折射下会见黄色的金点，称"金星"。

图 36-1　大果紫檀

图 36-2　大果紫檀

二、大果紫檀

大果紫檀，散孔材，半环孔材倾向明显，生长轮颇明显。芯材是橘红色、砖红或紫红色，常带深色条纹；划痕可见至明显；木屑水浸出液呈浅黄褐色，荧光弱或无。

根据民间经验，快速识别方法如下。

颜色：以金黄色、浅黄色为主，少量有深红色。与空气接触后氧化变化不明显（图36-1、图36-2）。

气味：有一种特别的木香味，不刺鼻（民间称之"香红木"）。香味长久。

表面特征：纹理清晰。纹与纹的中间连接处可见蟹爪纹，并伴有明显的深色条纹。

三、交趾黄檀

交趾黄檀，散孔材，生长轮不明显或略明显。芯材新切面呈紫红褐或暗红褐，常带黑褐或栗褐色深条纹。管孔在肉眼下可略见，含黑色树胶。

根据民间经验，快速识别方法如下。

颜色：以红色为主，带有黑色，少许青色（图37-1、图37-2、图37-3）。

气味：在加工过程中有很明显的木酸气。气味比较浓重，略辛辣。交趾黄檀产品始终会保持有一种木酸味，并且带有奶香味。

表面特征：木材纹理清晰，有明显的木黑线，在山纹和直纹中都会比较明显表现出来，部分有横向木射线。

图37-1 交趾黄檀

图37-2 交趾黄檀

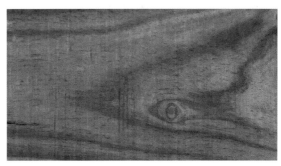

图37-3 交趾黄檀

四、巴里黄檀

巴里黄檀，散孔材，生长轮明显。芯材新切面呈紫红褐或暗红褐，常带黑褐或栗褐色细条纹。

根据民间经验，快速识别方法如下。

颜色：多数呈淡紫红色，少量呈淡红色（图38-1、图38-2）。

气味：有酸味，不刺鼻，略有香味。

表面特征：木纹结构不规则，多数纹理呈狮子卷毛块状。

 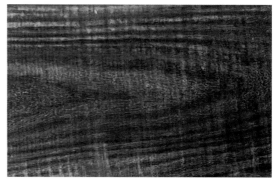

图38-1 巴里黄檀　　　　　　　　　图38-2 巴里黄檀

五、奥氏黄檀

奥氏黄檀，散孔材，生长轮明显或略明显。芯材新切面呈柠檬红、红褐至深红褐，常带明显的黑色条纹；木屑酒精浸出液呈红褐色。

根据民间经验，快速识别方法如下。

颜色：以淡黄色为主，少量偏红色（图39-1、图39-2）。

气味：清淡的酸气味，不刺鼻。

表面特征：纹理清晰，直线纹细腻，紧密。有黑线。

图39-1 奥氏黄檀

图39-2 奥氏黄檀

六、降香黄檀

降香黄檀，散孔材至半环孔材，生长轮颇明显。芯材新切面呈紫红褐或深红褐，常带黑色条纹。

根据民间经验，快速识别方法如下。

颜色：有紫色、紫红色、深黄色、淡黄色几种，板面有明显的深色黑线（图40）。

气味：有清新的酸香木气，不刺鼻。

表面特征：纹路清晰，带油性表面，细腻光滑，带有小节疤（鬼脸）。

图40 降香黄檀

七、乌木

乌木，散孔材，生长轮不明显。芯材全部乌黑，浅色条纹稀见。

根据民间经验，快速识别方法如下。

颜色：黑色（图41-1、图41-2）。

气味：无味。

表面特征：木纹不明显，密度高，光滑。

图41-1 乌木　069

图 41-2　乌木

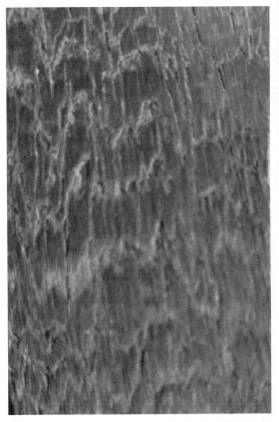

图 42-1 非洲鸡翅木　　　　　　　　　　　　图 42-2 东南亚鸡翅木

八、鸡翅木

鸡翅木（白花崖豆木），散孔材，生长轮不明显。芯材呈黑褐色，常带黑色条纹。

根据民间经验，快速识别方法如下。

颜色：黑白相夹，呈浅棕色夹杂淡橘黄色（图 42-1、图 42-2）。

气味：无明显气味。

表面特征：有白色和黄色的纹理，与鸡的翅膀相似。

图 43-1　赞比亚血檀　　　　　　　　　　图 43-2　赞比亚血檀

　　大自然给人类带来了无限的遐想，给人类带来丰富的资源。在森林中有很多相似的木材，在未经锯切加工时人们很难分辨。初入门者在选择木材种类上会迷茫。

一、血檀与小叶紫檀相似

血檀（图 43-1、图 43-2）

颜色：锯切后板面颜色多为艳红色和紫色，氧化后呈黑色略带红色（与小叶紫檀相近）。

气味：无木材香味，有微弱的酸味和腥味。

表面特征：木材口径大，板面宽，纹理略粗，"金星"不见。

二、巴花与缅甸花梨相似

巴花（古夷苏木）（图44）

颜色：芯材呈黄褐色、红褐色，边材呈白色、黄白色。

气味：无木香气，有淡淡的氨水味。

表面特征：纹理交错明显，带有浅棕色条纹，干缩比大。易翘曲。

图44 巴花

图 45-1　非洲酸枝

图 45-2　非洲酸枝

三、非洲酸枝与大红酸枝、红酸枝、白酸枝相似

非洲酸枝（图 45-1、图 45-2）

颜色：红褐色、紫色。边材呈白色或浅黄褐色。

气味：略带木香气，不刺鼻。

表面特征：纹理直或交错，清晰，表面光洁，油性强，纹理反光有金丝掺杂感。

四、紫檀柳与海南黄花梨相似

紫檀柳（图46）

颜色：黄色、淡黄色、粉红色、紫中带红。

气味：酸味略刺鼻，无香味。

表面特征：无油性。纹理清晰，不规则，小节疤多（鬼脸）。

图46 紫檀柳

图 47　金丝楠木阴沉木

五、阴沉木与乌木相似

阴沉木（图 47）

颜色：浅绿色并透黄。

气味：有香味，不刺鼻、香味沁肺腑，丝丝入鼻。

表面特征：山纹、直纹明显，并伴有水波纹，年轮清晰。

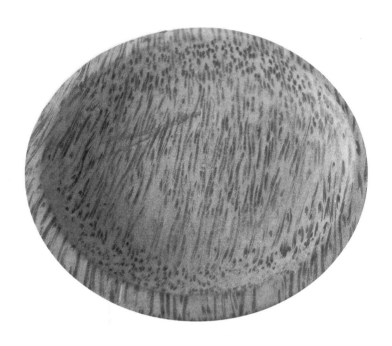

图 48 椰子树

六、椰子树与鸡翅木相似

椰子树（图 48）

颜色：淡咖啡色、淡黄色。

气味：无味。

表面特征：纹理直并带有点状物，点状物分布广，点状物呈白色。

值得一提的是，部分奥氏黄檀与降香黄檀外观相似。肉眼下观察二者的木制品，很容易使人产生误解，较难分辨。最简易的方法便是对二者的木制品产品进行热化处理，闻其木材原味，二者原味区别明显。

自然界相似形状、相似颜色、相似纹理的木材非常多，但不同产地的木材其内部结构及气味都会有比较明显的不同。因此，建议初学者先多了解一下各种木材的特性、产区，有条件的可以收集一些实木标本，必要时进行实物对比，对比木材的纹理、结构、气味差异，这样能更准确地判断不同的木材。

第六章

中国传统榫卯结构示意图

ZHONGGUO CHUANTONG
SUNMAO JIEGOU
SHIYITU

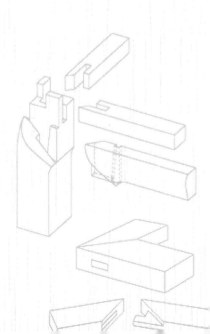

一榫、一卯、一结构，榫卯结构在中国古建筑及传统家具的结构组合上得到广泛应用且历史悠久，源远流长。在中国经典传统家具制作中，构件与构件的结合，都由各种形式的榫卯把构件巧妙地连接起来。古代的能工巧匠不用一钉一胶就能将家具的各个构件之间点与点、点与面、面与面之间的结点，以榫和卯相吻合的连接方法组合成家具。工艺精湛、组合严密。这样制成的家具十分美观且坚固耐用。榫卯结构是中华民族智慧的结晶。

榫卯连接件中凸出部分叫榫，亦叫榫头；凹进部分叫卯，亦叫卯槽。采用榫卯结构制作的家具构件交接处和转角处可被做得严丝合缝，平整一体。

笔者总结，榫卯结构在家具的应用上，基本可分为以下四种类型。

1．点与点的结合。将两根木料组件分别在端头开出凹、凸形状的卯与榫，再在两根组件的卯榫中间开一个插孔，插上木销子，使两根组件被紧紧锁住，典型的榫卯结构就是楔钉榫。

2．点与面的结合。一块部件的一头连接在一个部件的面上。方法为：将一块部件的端头开出榫，另一块板面的部件上开出卯，两者结合。这种榫卯结构形式主要用于椅盘边扶、椅子座面与腿足的结合。

3．面与面的结合。将两块木板部件在端头开出多个榫与卯（其形状类似燕子的尾巴），再把两者垂直角结合起来。这种榫卯结构形式主要用于平板明榫角结合等处。

4．二点一面或二面一点的结合。当需要将三个部件或者多个部件一起组合起来时，可以将两个部件的两个点与一个部件的一个面进行组合。其典型的榫卯结构形式就是粽脚榫。

笔者根据自己长期的工作经验和对古典家具榫卯结构的理解，用花梨木自制了常用的十八种榫卯结构。如以下图示。

1. 楔钉榫

主要用于圆型或弧型的连接。（图49-1、图49-2）

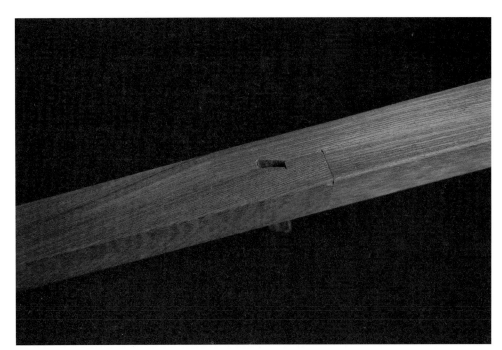

图49-1 楔钉榫

图49-2 楔钉榫

2. 挖烟袋锅榫

主要用于两直圆角连接拐弯扶手处。（图 50-1、图 50-2）

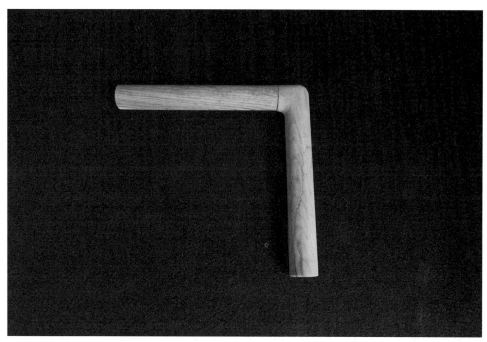

图 50-1　挖烟袋锅榫

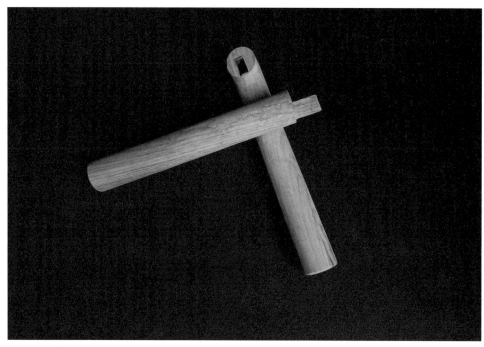

　图 50-2　挖烟袋锅榫

3. 夹头榫

主要用于台面与脚的连接。（图51-1、图51-2）

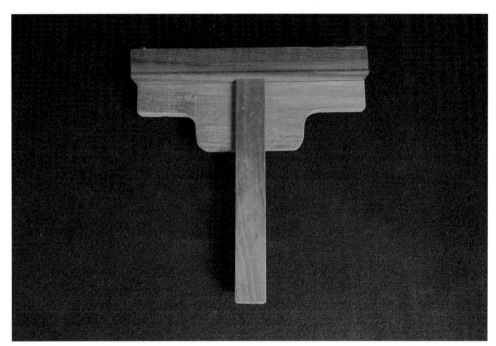

图51-1 夹头榫

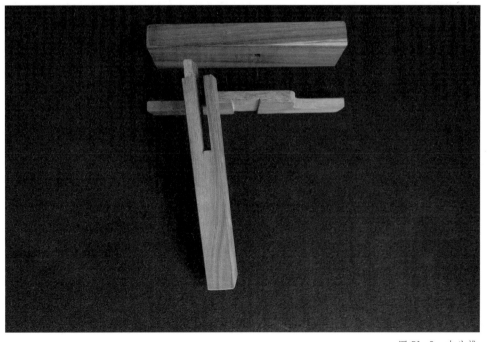

图51-2 夹头榫

4. 扇形插肩榫

内部结构是双榫，常用于台面与脚的连接。（图 52-1、图 52-2）

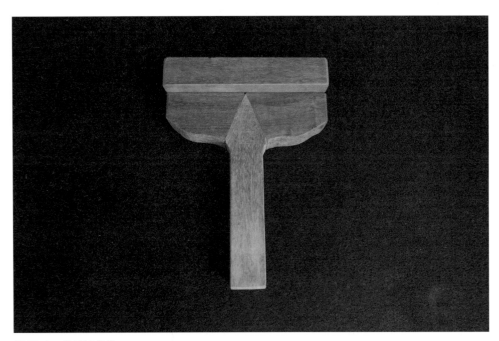

图 52-1　扇形插肩榫

　图 52-2　扇形插肩榫

5. 传统棕脚榫

用于橱、柜框架的连接。（图53-1、图53-2）

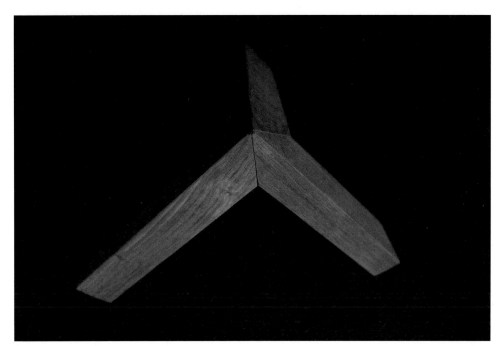

图53-1 传统棕脚榫

图53-2 传统棕脚榫

6. 高束腰抱肩榫

台面拼接中的肩架。连接束腰,常用于台面脚与脚之间的连接或框架中。(图 54-1、图 54-2)

图 54-1　高束腰抱肩榫

　图 54-2　高束腰抱肩榫

红木及红木家具

7. 挂肩四面平榫

常用于台、凳、椅的框架连接。（图 55-1、图 55-2）

图 55-1　挂肩四面平榫

图 55-2　挂肩四面平榫

8. 圆柱丁字结合榫

丁字形的连接。常用于椅子靠背及扶手。（图 56-1、图 56-2）

图 56-1　圆柱丁字结合榫

　图 56-2　圆柱丁字结合榫

红
木
及
红
木
家
具

9. 圆柱二维直角交叉榫

常用于明式家具中椅、凳下部的连接。（图57-1、图57-2）

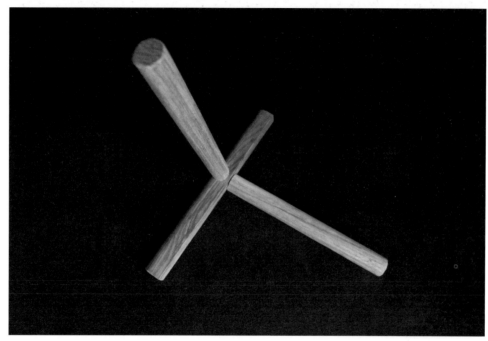

图 57-1　圆柱二维直角交叉榫

图 57-2　圆柱二维直角交叉榫

10. 攒边打槽装板

主要用于台面板于台面框架牙板的结合连接。（图58-1、图58-2）

图58-1 攒边打槽装板

图58-2 攒边打槽装板

11. 抄手榫

主要用于直角拼接，常见于面上的整体连接。（图 59-1、图 59-2）

图 59-1　抄手榫

图 59-2　抄手榫

12. 方材角结合床围子攒接万字

用于拼接万字型图案及书柜、博古架等。（图 60-1、图 60-2）

图 60-1　方材角结合床围子攒接万字

图 60-2　方材角结合床围子攒接万字

13. 平板明榫角结合

用于抽屉及木箱的连接。（图61-1、图61-2）

图61-1 平板明榫角结合

图61-2 平板明榫角结合

14．椅盘边扶与椅子腿足的结构

用于椅子的坐板下部结构连接。（图 62-1、图 62-2）

图 62-1　椅盘边扶与椅子腿足的结构

图 62-2　椅盘边扶与椅子腿足的结构

15. 直材交叉结合

用于十字拼接。常用于较大平面的分割连接。（图 63-1、图 63-2）

图 63-1　直材交叉结合

图 63-2　直材交叉结合

16. 弧形直材十字交叉

用于弧形的工艺，如脚踏板、书柜及博古架花样式连接。（图 64-1、图 64-2）

图 64-1　弧形直材十字交叉

图 64-2　弧形直材十字交叉

17. 走马梢

常用于床挺。（图65-1、图65-2）

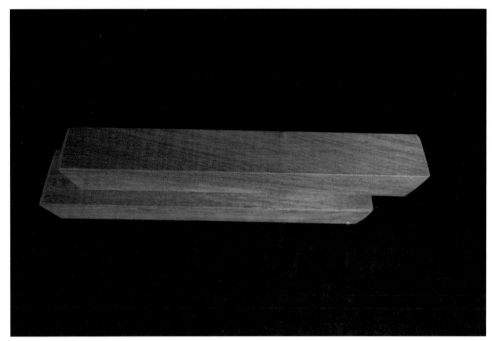

图65-1　走马梢

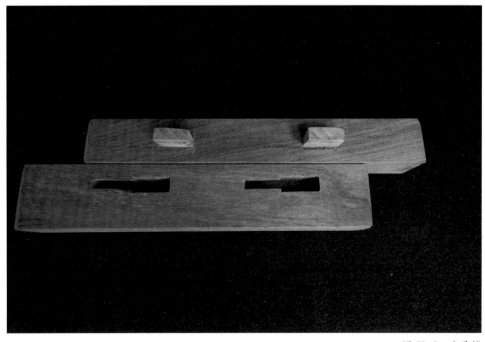

图65-2　走马梢

18. 方型丁字型结合榫卯

用于楼梯扶手以及家具中的榜板连接。（图 66-1、图 66-2）

图 66-1　方型丁字型结合榫卯

　图 66-2　方型丁字型结合榫卯

后记

1. 红木种类及标准取自中国国家标准化管理委员会批准的《中华人民共和国国家标准 GB/T18107-2017》。发布时间 2017 年 12 月 29 日，实施日期 2018 年 7 月 1 日。

2. 书中图 7-1 榻、图 7-2 俎、图 8-1 茶柜、图 8-2 矮几、图 11 高矮柜、图 12-1 二联柜、图 12-2 案是作者根据史料记载文字所描述的家具结构而制作的家具，仅供参考。

3. 图片拍摄：陈昌麒

责任编辑：丁国志

责任校对：李　颖

责任印制：张荣胜

装帧设计：九溪文化

图书在版编目（ＣＩＰ）数据

红木及红木家具 / 赵大吉著 . -- 杭州 ：中国美术
学院出版社， 2021.3
　　ISBN 978-7-5503-2490-9

　　Ⅰ．①红… Ⅱ．①赵… Ⅲ．①红木科－木家具－介绍
Ⅳ．① TS664.1

中国版本图书馆 CIP 数据核字（2021）第 022643 号

红木及红木家具

赵大吉　著

出 品 人：祝平凡

出版发行：中国美术学院出版社

地　　址：中国·杭州南山路218号/邮政编码：310002

网　　址：http://www.caapress.com

经　　销：全国新华书店

印　　刷：杭州四色印刷有限公司

版　　次：2021年3月第1版

印　　次：2021年3月第1次印刷

印　　张：6.75

开　　本：889mm×1194mm　1/16

字　　数：160千

印　　数：0001—2000

书　　号：ISBN 978-7-5503-2490-9

定　　价：128.00元